DE LA

RACE BOVINE DE L'ILE DE JERSEY.

EXTRAIT D'UNE EXCURSION AGRICOLE FAITE A JERSEY, EN 1856,

Par ordre de la Société centrale d'agriculture de la Seine-Inférieure ;

Par MM. J. GIRARDIN,

Président de cette Société, membre correspondant de l'Institut, officier de la Légion-d'Honneur, professeur de chimie agricole à l'École départementale de la Seine-Inférieure, etc.;

Et J. MORIÈRE,

Membre correspondant, Secrétaire-général de l'Association normande, professeur d'agriculture du département du Calvados.

*Extrait de l'*Annuaire Normand. — *Année* 1858.

CAEN,

A. HARDEL, IMPRIMEUR-LIBRAIRE,

RUE FROIDE, 2.

1858.

DE LA

RACE BOVINE DE L'ILE DE JERSEY.

Jersey possède une race bovine spéciale qui forme, avec le produit de ses vergers, la partie la plus importante du revenu des cultivateurs. On réunit souvent, sous le nom d'Alderney (en français, Aurigny), les races bovines des îles de la Manche ; mais nous verrons plus loin que la race de Guernesey ne peut pas être confondue avec celle de Jersey.

La vache de Jersey est pour les Anglais la race laitière par excellence, celle d'Ayr (en Ecosse) n'est placée qu'au second rang. Aussi les cultivateurs jersiais sont-ils à bon droit fiers de leur race, qu'ils ont soin de conserver parfaitement pure en ne l'améliorant que par voie de sélection. Un réglement pris par les Etats et confirmé par Sa Majesté en Conseil, sous la date du 14 mars 1827, défend, sous des peines très-sévères, l'introduction, dans l'île, des vaches, génisses et taureaux de France (Voir la note A).

Les Anglais, qui sont nos maîtres dans l'art d'élever et de perfectionner le bétail, après avoir étudié l'aptitude d'une race, s'efforcent, par des accouplements judicieux, par une nourriture convenable, par les soins multipliés dont ils entourent les animaux, de développer les qualités de cette race, et lorsqu'ils ont atteint le but, ils se gardent bien de faire des croisements pouvant altérer ces qualités qu'ils n'ont pu fixer qu'avec beaucoup de temps et de persévérance; ou, du moins, les essais n'ont-ils lieu qu'avec la plus grande prudence. Ils savent parfaitement que la même race ne peut que rarement être à la fois bonne laitière et apte à l'engraissement; que l'une de ces qualités ne s'obtient ordinairement qu'aux dépens de l'autre : aussi ont-ils leurs races spéciales pour la boucherie, comme les Durham, les Devon et les Hereford, et leurs races spéciales pour la production du lait, comme les vaches d'Alderney et d'Ayr.

La race normande cotentine offre l'avantage de réunir les deux aptitudes : elle est excellente laitière et peut s'engraisser facilement. Nos voisins parviendraient certainement, avec leur système judicieux d'éducation, à augmenter encore ses qualités, et ils se garderaient bien, surtout lorsqu'ils voudraient s'en servir comme laitière, de lui infuser le sang d'une race précoce à l'engraissement.

L'application de principes trop absolus conduit souvent à de graves mécomptes. Nous n'admettrons pas, avec la Société royale d'agriculture de Londres, qu'il faut chercher *uniquement* à améliorer les races par elles-mêmes, sans y introduire de sang étranger ; mais nous n'admettrons pas davantage qu'on doit tenter systématiquement d'infuser le sang Durham parmi nos races bovines. On ne défait pas en un jour l'œuvre des siècles; les races locales ont leur raison d'être qui sait bien se faire respecter. Il y a des cas où les croisements sont utiles; d'autres, où ils doivent être évités avec soin pour s'en tenir aux races locales dans toute leur pureté ; d'autres, enfin , où le mieux est d'abandonner la race locale et de la remplacer immédiatement par une autre.

Le Durham a certainement amélioré nos races de boucherie, et rendu leur engraissement beaucoup plus précoce. Le croisement du Durham avec la race cotentine, considéré sous le rapport de la production de la viande, a même donné d'excellents résultats; mais il n'en est pas moins vrai que là où le lait, le beurre et le fromage sont les industries agricoles principales, il convient mieux d'essayer les améliorations par voie de sélection avant de tenter le croisement avec aucune race étrangère. Les Anglais établiraient bien plutôt pour la race cotentine un cordon sanitaire, semblable à celui par lequel les Etats de Jersey conservent la pureté de leurs charmants animaux.

Les vaches de Jersey (Voir fig. ci-après) ont une tête un peu effilée, noire autour des yeux, claire autour du museau, offrant quelque rapport avec celle du chevreuil; leur physionomie est douce et intelligente. La couleur du pelage la plus répandue est le gris-foncé et le brange ; leur taille est plus élevée que celle des bretonnes et moindre que celle des cotentines. Le poids moyen de ces animaux est de 300 kil.; quelques-uns atteignent jusqu'à 600 kil. ; d'autres, au contraire, ne pèsent que 200 à 250 kil. Leur embonpoint est satisfaisant, mais leur croupe est pointue; la partie antérieure du corps offre une apparence plus robuste et mieux développée. Les cornes décrivent une courbe assez prononcée et tendent à se rapprocher.

Le taureau jersiais (Voir fig. ci-contre) est moins estimé que la vache ; son pelage est ordinairement noirâtre en dessous, gris-jaune en dessus ; il a la tête assez forte, les cornes médiocres, le collet très-charnu et presque rond ; son poitrail est large, mais sa croupe n'est pas développée à proportion ; il a les jambes fines et délicates ; son mugissement a quelque chose de sauvage.

Voici, d'ailleurs, les tableaux qui servent de guide aux membres des jurys chargés, par la Société royale d'agriculture de Jersey, de décerner les prix dans les concours ouverts par cette Société. Les caractères qu'ils contiennent peuvent être considérés comme représentant la perfection de cette race. Avec ces tableaux et en se reportant à la traduction des n[os]. sur les dessins dus à l'habile crayon du colonel Le Couteur, le travail des jurys devient facile, et il y a beaucoup moins de chances d'erreurs dans les appréciations :

SOCIÉTÉ ROYALE D'AGRICULTURE ET D'HORTICULTURE DE JERSEY.

Échelle de points pour les taureaux, servant de guide aux Jurés pour la distribution des primes pour les bestiaux.

Articles.		Points.
1	Généalogie par le mâle.	1
2	Généalogie par la femelle.	1
3	Tête belle et conique.	1
4	Front large.	1
5	Joue petite.	1
6	Gorge blanche.	1
7	Museau bien fait et entouré de couleur claire. .	1

TAUREAU DE JERSEY - PERFECTION. 33 POINTS

PEDIGREE N°s 1 & 2.

Lith. par [illegible]

Lith. A. Péron, Rouen.

Approuvé dans la réunion générale annuelle de la Société d'Agriculture et d'Horticulture de Jersey, le 5 Janvier 1850.

8 Narines hautes et ouvertes.. 1
9 Cornes douces, ridées, pas trop larges à la base ni trop coniques. 1
10 Oreilles petites et minces. 1
11 Oreilles de couleur orange à l'intérieur. . . 1
12 Œil grand et vif. 1
13 Cou arqué, vigoureux, mais non épais et pesant. 1
14 Poitrine large et profonde. 1
15 Tronc, de forme circulaire, bien développé. . 1
16 Côtes bien dessinées; peu d'espace entre la dernière côte et la hanche. 1
17 Dos droit, depuis le garrot jusqu'à l'origine des hanches.. 1
18 Dos droit, depuis l'origine des hanches jusqu'à la naissance de la queue, et la queue à angle droit avec le dos. 1
19 Queue belle. 1
20 Queue tombant jusqu'au jarret. 1
21 Peau douce et mobile, mais non flasque. . . 1
22 Peau couverte de poils fins et doux. 1
23 Peau d'une bonne couleur.. 1
24 Cuisses antérieures courtes et droites. . . . 1
25 Jambes antérieures développées et vigoureuses, renflées et pleines près du genou, et grêles au-dessous. 1
26 Quartiers de derrière, depuis le jarret jusqu'à la culotte, longs et bien remplis. 1
27 Jambes de derrière courtes et droites (excepté les jarrets) et os fins de préférence. . . . 1
28 Jambes de derrière posées carrément et pas trop rapprochées l'une de l'autre, vues postérieurement. 1

29	Jambes de derrière ne se croisant pas en marchant.	1
30	Sabots petits.	1
31	Développement.	1
32	Apparence générale.	1
33	Rang.	1
	Perfection.	33

Aucun prix ne sera accordé aux taureaux qui auront moins de 25 points.

Les taureaux qui auront obtenu 23 points sans généalogie, seront approuvés pour la marque, mais ne pourront pas obtenir de prix.

N. B. Il faut entendre, par généalogie *(Pedigree)*, la descendance de mâles ou de femelles primés ou récompensés.

SOCIÉTÉ ROYALE D'AGRICULTURE ET D'HORTICULTURE DE JERSEY.

Échelle de points pour les vaches et les génisses, destinée à servir de guide aux Jurés pour la distribution des primes.

Articles.		Points.
1	Généalogie par le mâle.	1
2	Généalogie par la femelle.	1
3	Tête petite, fine et conique.	1
4	Joue petite.	1
5	Gorge blanche.	1
6	Museau bien fait et entouré de couleur claire. .	1
7	Narines hautes et ouvertes.	1
8	Cornes douces, ridées, pas trop larges à la base ni trop coniques.	1
9	Oreilles petites et minces.	1

VACHE DE JERSEY-PERFECTION, 36 POINTS.

PEDIGREE N.os 1 & 2.

Lith. par Milice. Lith. A. Péron, Rouen.

Approuvé dans la réunion générale annuelle de la Société d'Agriculture et d'Horticulture de Jersey, le 5 Janvier 1850

10 Oreilles de couleur orange à l'intérieur. . . 1
11 Œil grand et vif. 1
12 Cou étroit, fin et bien posé sur les épaules. . 1
13 Poitrine large et profonde. 1
14 Tronc de forme circulaire et bien développé. . 1
15 Côtes bien dessinées; peu d'espace entre la dernière côte et la hanche. 1
16 Dos droit depuis le garrot jusqu'à l'origine des hanches. 1
17 Dos droit depuis l'origine des hanches jusqu'à la naissance de la queue, et queue à angle droit avec le dos. 1
18 Queue fine. 1
19 Queue tombant jusqu'au jarret. 1
20 Peau mince et mobile, mais non flasque. . . 1
21 Peau couverte de poils fins et doux. 1
22 Peau d'une bonne couleur. 1
23 Cuisses antérieures courtes, droites et fines. . 1
24 Jambes de devant renflées et pleines au-dessus du genou, et grêles au-dessous. 1
25 Quartiers de derrière, depuis le jarret jusqu'à la culotte, longs et bien remplis. 1
26 Jambes de derrière courtes et droites (les jarrets exceptés), et os fins de préférence. . 1
27 Jambes de derrière posées carrément et pas trop rapprochées l'une de l'autre, vues postérieurement. 1
28 Jambes de derrière ne se croisant pas en marchant. 1
29 Sabots petits. 1
30 Mamelle bien pleine, sur la même ligne que le ventre. 1

31	Mamelle placée haut en arrière.	1
32	Pis bien développés, disposés en carré et bien séparés.	1
33	Veines laitières très-saillantes.	1
34	Développement.	1
35	Apparence générale.	1
36	Rang.	1
	Perfection.	36

Aucun prix ne sera accordé aux vaches ayant moins de 29 points.

Aucun prix ne sera accordé aux génisses ayant moins de 26 points.

Les vaches ayant obtenu 29 points, et les génisses 26 sans généalogie *(Pedigree)*, seront approuvées pour la marque, mais ne pourront pas avoir de prix.

Trois points, n°s. 30, 31 et 33, seront déduits du nombre indiqué pour la perfection des génisses, la mamelle et les veines laitières n'étant pas encore suffisamment développées; une génisse sera donc considérée comme parfaite avec 33 points.

N. B. Il faut entendre, par généalogie *(Pedigree)*, la descendance de mâles ou de femelles primés ou récompensés.

Pour tirer de la race jersiaise tout le parti possible, on tâche d'obtenir des veaux pendant les quatre premiers mois de l'année, et surtout en mars et en avril, c'est-à-dire au moment où les pâturages offrent une végétation progressive. Au mois de mai, lorsque cette végétation est vraiment luxuriante à Jersey, on commence à les faire coucher dehors jusqu'à la Toussaint, toujours au piquet, nuit et jour, en évitant l'approche des arbres. On ne les fait rentrer à l'étable qu'en cas de pluies très-abondantes et orageuses; les pluies ordinaires, la rosée surtout, sont considérées comme très-favorables pour augmenter leurs produits. On les change souvent de place pendant le jour; pendant les grandes chaleurs, on les met à l'ombre; et, si les mouches les font par trop souffrir, on les rentre à l'étable pour quelques heures (1).

Les vaches ne sont changées de place qu'après avoir consommé tout le fourrage qui garnissait l'emplacement choisi, et, afin d'obtenir ce résultat, on ne déplace le piquet qu'à une distance égale à la longueur du lien qui est ordinairement de 4 à 5 mètres. Ce déplacement a lieu ordinairement 8 fois par jour, à savoir : le matin, à 6 heures, puis à 8 et 10 heures, à midi, à 2, 4, 6 et 8 heures du soir. La partie du lien attachée aux cornes est munie d'une chaîne qui les entoure : car la corde, exposée à la pluie, pourrait blesser les animaux en se resserrant. Cette précaution les rend aussi plus dociles pour les conduire à l'abreuvoir où on les mène deux fois par jour, pendant les mois les plus chauds.

On a, dans toute l'île, un soin extrême de ces jolis animaux; l'honorable colonel Mourant nous disait, en parlant d'eux : « Ce sont nos enfants gâtés. » Aussi, par suite de cette manière d'agir, les vaches de Jersey sont-elles très-douces, et se laissent-elles approcher et caresser avec plaisir; lorsqu'elles sont en liberté dans les herbages, elles viennent à l'appel de leur nom, et restent auprès du visiteur pendant tout le temps qu'il demeure sur le terrain.

(1) Auguste Bernède, *Notice sur les vaches de l'île de Jersey.*

A l'automne, on leur donne des racines, matin et soir. La culture du panais est très-répandue à Jersey, parce que cette racine est considérée non-seulement comme augmentant le principe butyreux, mais encore comme neutralisant le mauvais goût que les navets communiquent au lait et au beurre; pour cela, on mélange les navets au panais dans la proportion de 1/5 de la première racine et 4/5 de la seconde. Les navets et les carottes ne s'emmagasinent pas; on les donne au fur et à mesure des besoins; les betteraves ne sont distribuées qu'à l'arrière-saison. Du reste, c'est une pratique généralement suivie à Jersey de varier beaucoup la nourriture des animaux; c'est là, en effet, un excellent principe d'hygiène dont on se trouve très-bien.

Le son et la farine ne sont distribués aux vaches de Jersey que pendant les quinze jours qui suivent la parturition; à toute autre époque, les aliments qui peuvent favoriser l'engraissement, au préjudice de la lactation, sont rejetés avec soin.

Pendant l'automne. on conduit les vaches sur les regains de trèfle. Quand les pâturages sont abandonnés, on leur donne du foin tant qu'elles produisent du lait, puis de la paille; mais on profite de tous les instants favorables pour les faire sortir de l'étable, où elles ne restent que lorsque le temps est trop froid.

Le foin sec, administré aux animaux, a d'abord été mis en meule et salé; les vaches le mangent avec délices, et viennent de temps à autre lécher un morceau de sel gemme placé dans chaque boxe.

On retire d'une vache, en moyenne, 14 à 16 litres de lait par jour, pendant la période la plus favorable; les très-bonnes vaches en donnent jusqu'à 24 litres; mais c'est plutôt encore par la qualité supérieure de son lait, que par sa quantité, que se recommande la race jersiaise. Pendant les mois chauds de l'année, le rendement du lait diminue sensiblement pour revenir, en automne, à ce qu'il était au printemps. On tire le lait trois fois par jour, en été.

Une vache de 7 à 8 ans donne 1 kil. de beurre par 16 litres de lait (un peu moins quand la vache est renouvelée). Dans le Bessin, on admet que, pour obtenir la même quantité de beurre, il faut, en moyenne, 28 litres de lait. On attache, à Jersey, une grande importance à la couleur de l'intérieur de l'oreille : la couleur jaune est considérée comme indiquant que le beurre sera d'une couleur plus foncée.

La moyenne de la production des vaches jersiaises est de 6 à 7 kil. de beurre par semaine; pour un certain nombre, ce chiffre s'élève jusqu'à 8 kil.

Les vaches de Jersey donnent du lait pendant fort long-temps; M. Gibaut a vendu une vache de 21 ans qui avait eu veau, l'année précédente. En général, on les garde jusqu'à 15 et 16 ans, puis on les engraisse pour les livrer à la boucherie.

A l'âge de 2 ans, les vaches de Jersey se vendent de 250 à 600 fr.; en moyenne, 400 fr. Nous avons vu vendre, au marché de St.-Hélier, une mauvaise petite vache 300 fr. Les taureaux sont moins chers que les vaches; on peut se procurer un très-beau taureau de 2 ans, pour 4 à 500 fr. (1).

(1) Les frais de transport par mer sont de . . . 12 f. 50 c. par tête.
Les droits perçus par la douane s'élevant à 12 50

C'est donc un total de . . . . 25 f. à ajouter au prix primitif, quand on veut les introduire en France.

Plusieurs vaches jersiaises ont figuré avec succès au concours agricole universel de 1856, sous le nom de M. Fowler. Ces animaux sortaient des étables de M. Le Gallais, propriétaire, à la Moie (paroisse de St.-Brelade), qui vend souvent des vaches au prix de 1,000 fr. pour l'Angleterre. Nous avons admiré, chez cet intelligent éleveur, deux jumelles délicieuses destinées à l'Amérique, et qui réunissent toutes les qualités de la race de Jersey (1).

Sur les exploitations de M. Le Gallais et du colonel Le Couteur, se trouvent quelques vaches de Guernesey, bien faciles à distinguer des vaches de Jersey. Les vaches de Guernesey ont la tête carrée; elles sont plus fortes, plus osseuses, plus lourdes, et plus prédisposées à l'engraissement que celles de Jersey. Elles donnent à peu près la même quantité de lait, mais ce lait est moins riche en parties butyreuses. Le beurre des vaches de Guernesey a d'ailleurs l'inconvénient de se liquéfier facilement pendant les chaleurs de l'été, et de ne pouvoir, par suite, être facilement transporté.

Il y a eu des croisements de la race de Jersey avec celle de Guernesey, mais on considère la race jersiaise pure comme étant encore la meilleure.

Les Anglais expédient, chaque année, des ports de Sou-

(1) « Quiconque a fait le voyage de Jersey, n'a pu s'empêcher d'admirer ces jolies bêtes, à l'air si intelligent et si doux, qui peuplent les pâturages de cette île, et qui font, en quelque sorte, partie de la famille chez tous les cultivateurs. Naturellement bonnes, sans doute, les soins affectueux dont elles sont l'objet n'ont pas peu contribué à les rendre si productives. Les habitants de Jersey en sont fiers et jaloux, comme d'un trésor unique au monde » (Léonce de Lavergne, *Essai sur l'économie rurale de l'Angleterre, de l'Écosse et de l'Irlande*, 1 vol. in-18, 2e. édition, 1855).

thampton, Portsmouth, etc., des navires qui exportent de Jersey un nombre de vaches pleines, représenté, pour la période quinquennale de 1851 à 1855, par les chiffres suivants :

1851	1852	1853	1854	1855
1,402 têtes.	1,752	1,930	1,699	1,550

C'est donc une moyenne de 1,600 vaches qui partent, chaque année, de Jersey pour l'Angleterre, et qui ne rapportent pas aux cultivateurs de l'île moins de 700,000 francs.

ANALYSE DU LAIT DES VACHES DE JERSEY.

Il nous a paru intéressant de comparer, sous le rapport de la composition chimique, le lait des vaches de Jersey à celui des vaches de notre pays. Ne pouvant opérer, on le conçoit, sur du lait de vaches nourries dans leur patrie, nous avons eu recours à l'obligeance de Mme. Donnet et de M. Eugène Osmont, des environs de Caen, qui ont introduit dans leurs herbages des vaches jersiaises.

Voici quelques renseignements nécessaires sur les vaches qui ont fourni les échantillons de lait sur lesquels nous avons opéré.

M. E. Osmont, de Périers, près Caen, possède une seule vache jersiaise ; elle est, en compagnie de vaches cotentines, au piquet, dans une même pièce de prairies naturelles d'assez médiocre qualité, et dont le sous-sol est un calcaire sablonneux.

Cette vache jersiaise donne :

	14 litres de lait pendant		4 mois, soit.		1,680 litres.
	12	—	—	3 mois. . .	1,080
	8	—	—	3 mois. . .	720
	4	—	—	1 mois. . .	120
Quelquefois	2	—	—	1 mois. . .	60
ou bien elle sèche.					
			Total pour l'année.	.	3,660 litres.

La servante prétend que cette vache ne donne que 4 kil. de beurre la semaine pendant 3 à 4 mois; cette quantité diminue ensuite jusqu'à arriver à 2 kil.

Une des meilleures vaches cotentines de M. Osmont donne :

20 litres de lait pendant			4 mois, soit. .	2,400 litres.
16	—	—	3 mois. . . .	1,440
12	—	—	2 mois. . . .	720
6	—	—	2 mois. . . .	360
2	—	—	1 mois. . . .	60
			Total pour l'année. . . .	4,980 litres.

Cette vache produit 5 kil. de beurre par semaine, lorsqu'elle donne 20 litres de lait par jour.

Ces renseignements nous ayant été fournis par une servante peu intelligente, et qui préfère les grosses vaches aux petites, nous n'y attachons pas autant d'importance qu'aux suivants, qui proviennent de chez Mme. Donnet.

Chez Mme. Donnet, les vaches sont au pâturage libre, dans une prairie naturelle de meilleure qualité que celle de M. Osmont, et dont le sous-sol est schisteux ou formé de grès quartzeux. Deux sont de Jersey : l'une est âgée de 8 ans, l'autre de 4 ; les autres vaches sont de race cotentine.

La vache de Jersey, âgée de 8 ans, a donné, en 1856 :

18 litres de lait pendant		3 mois, soit . .		1,620 litres.
14	—	—	2 mois. . . .	840
10	—	—	2 mois. . . .	600
6	—	—	3 mois. . . .	540
3	—	—	1 mois. . . .	90
Elle a été sèche pendant 1 mois. . . .				»
			Total pour l'année. .	3,690 litres.

Une vache cotentine a donné, cette même année :

20 litres de lait pendant		3 mois, soit. . .		1,800 litres.
15	—	—	2 mois. . . .	900
12	—	—	2 mois. . . .	720
8	—	—	1 mois. . . .	240
4	—	—	1 mois. . . .	120
Elle a été sèche pendant 3 mois. . . .				»
			Total pour l'année. . .	3,780 litres.

L'avantage est ici tout entier en faveur de la race jersiaise. Mais il faut bien se garder de croire que toutes les vaches cotentines restent sèches pendant 3 mois; cela dépend des individus; il y a des vaches qui restent sèches seulement pendant un mois ou même pendant 15 jours; il y en a même d'autres qui ne tarissent jamais.

Il est bien évident aussi que la nature des pâturages influe considérablement sur les propriétés laitières et beurrières des deux races.

Quoi qu'il en soit, les laits soumis à nos analyses ont été pris dans les mêmes conditions, et prélevés sur le produit entier et bien mélangé de chaque traite. Nous joignons, à ces analyses, celle d'un lait qui nous a été remis par notre collègue à la Société centrale d'agriculture de la Seine-Inférieure, M. Dérubé; ce lait provenait d'une vache cotentine de 3 ans, nourrie au piquet dans une ferme d'Ouville-l'Abbaye, près d'Yerville (arrond[t]. d'Yvetot).

Composition du lait sur 1,000 parties en poids.

MATIÈRES CONSTITUANTES.	VACHE JERSIAISE, âgée de 8 ans, de chez Mme. Donnet.	VACHE JERSIAISE, âgée de 4 ans, de chez Mme. Donnet.	VACHE JERSIAISE de chez M. E. Osmont	VACHE COTENTINE de chez Mme. Donnet.	VACHE COTENTINE de chez M. E. Osmont	VACHE COTENTINE des environs d'Yerville.
Beurre.	91,387	65,792	69,010	44,970	56,089	39,20
Matières azotées (*caséum, albumine, etc.*).	41,678	38,545	37,836	33,923	37,830	38,40
Sucre et sels divers.	44,386	46,233	44,114	52,054	44,851	52,20
Matières solides en bloc	177,451	150,570	150,960	130,947	138,770	129,80
Eau.	822,549	849,430	849,040	869,053	861,230	870,20
	1,000,000	1,000,000	1,000,000	1,000,000	1,000,000	1,000,000

Les vaches normandes du pays de Caux (Seine-Inférieure) donnent du lait encore bien moins riche en matières solides, et notamment en beurre, que la race cotentine. C'est ce qui ressort des nombreuses analyses faites par notre habile confrère, M. E. Marchand, de Fécamp. D'après lui, en effet,

La moyenne	des principes solides	serait de. . . .	127,91
—	du beurre	serait de. . . .	36,44
—	des matières azotées	serait de. . . .	36,67
—	du sucre et des sels	serait de. . . .	55,91 (1)

Nos analyses, quant à ce qui regarde les vaches de Jersey, sont confirmées par les résultats obtenus par M. Doyère, en 1849, de l'examen de laits qui lui avaient été remis par M. Bernède, et qui provenaient : l'un d'une vache de Jersey introduite en Bretagne ; l'autre, d'un croisement de race jersiaise avec la race vendéenne. Voici la composition de ces laits, d'après M. Doyère :

	Maggi, race jersiaise pure.	Betzy, race vendéenne croisée.	Vaches de l'Institut agronom. de Versailles, en juin 1849.
Beurre.	81	78	32
Matières azotées. .	36	31	34
Sucres et sels divers.	54	53	54
Matières solides. .	171	162	120
Eau.	829	838	880
	1,000	1,000	1,000 (2)

Il est facile de voir, par tout ce qui précède, combien

(1) *Du lait, considéré dans ses rapports avec la police judiciaire*, par E. Marchand (*Journal de chimie médicale*, 1856, p. 561).

(2) *Notice sur les vaches de l'île de Jersey*, par A. Bernède, p. 11-12.

les vaches de Jersey l'emportent sur nos meilleures vaches, au point de vue de la production du beurre.

Les analyses chimiques concordent parfaitement avec les observations pratiques, puisque, chez nous, on sait que, généralement, il faut 28 litres de lait pour avoir 1 kil. de beurre; tandis qu'à Jersey 13 à 16 litres de ce liquide suffisent pour obtenir la même quantité de matière grasse.

Il serait donc à désirer que, dans les environs de nos grandes villes où l'on consomme tant de lait en nature, de même que dans nos régions herbagères où l'industrie principale est la fabrication du beurre (Bessin, pays de Bray), on introduisît la race jersiaise, si admirable à tant d'égards.

Note A.

Réglement prohibant l'exportation des vaches, génisses et taureaux de France, confirmé par ordre de Sa Majesté en conseil, en date de l'an 1827, le quatorzième jour de mars.

AUX ÉTATS DE L'ILE DE JERSEY.

L'an 1826, le dix-huitième jour de mars.

Le transport des vaches de cette île en Angleterre étant une branche de commerce avantageuse au pays, et la supériorité de leur qualité à celles de France ayant démontré la nécessité d'en conserver l'espèce originaire, d'en empêcher le mélange étranger, et de prévenir les fraudes qui pourraient se pratiquer en faisant passer, en Angleterre, des vaches de France pour des vaches de cette île; les Etats ont cru devoir, pour cet effet, établir les réglements suivants :

ART. Ier. — L'importation des vaches, génisses et taureaux de France est prohibée. Quiconque sera convaincu d'en avoir introduit dans cette île, ou d'y avoir assisté ou participé, subira une amende de *mille livres* pour chaque pièce de bétail ainsi introduite ; et tel bétail sera confisqué ainsi que le navire ou bateau qui l'aura apporté, avec ses agrès et appartenances.

Art. II. — Quiconque aura assisté au débarquement de tel bétail ainsi prohibé ou aura favorisé ou prêté la main en aucune manière à l'introduction de tel bétail, ou qui l'aura conduit à terre, ou caché, ou reçu chez lui, le connaissant pour bétail ainsi prohibé, sera considéré comme complice et sujet à la même amende.

Art. III. — Toutes vaches, génisses ou taureaux de France, qui seront trouvés à bord d'un navire ou bateau, à une distance de cette île moindre de deux lieues, seront confisqués ainsi que ledit navire ou bateau, avec agrès et appartenances, et le maître de tel navire ou bateau subira l'amende portée au premier article de ce Réglement, et toutes personnes sont autorisées à saisir tel navire ou bateau avec ledit bétail, et à le conduire à terre, et seront tenues d'en informer à leur arrivée le connétable ou chef de police de la paroisse, qui prendra les mesures nécessaires pour faire adjuger l'amende et la confiscation.

Art. IV. — Quiconque réclamera, ou aura en sa possession du bétail soupçonné d'avoir été introduit en fraude, sera tenu de faire preuve que tel bétail est du crû de cette île, ou qu'il y est venu d'Angleterre, ou de quelque autre endroit d'où il n'est pas prohibé, ou qu'il était dans cette île avant l'émanation du présent Réglement, ou qu'il en avait été en possession pour au-delà de six mois ; faute de quoi, tel bétail sera censé avoir été introduit en fraude et confisqué, et la personne qui l'aura réclamé, ou qui en sera en possession subira l'amende portée à l'article Ier. de ce Réglement.

Neuf autres articles du Réglement stipulent les conditions à remplir : 1°. pour débarquer à Jersey des bêtes à cornes d'Aurigny, de Guernesey ou de Serk ; 2°. pour embarquer les animaux provenant des fermes de l'île ; 3°. enfin, pour le débarquement des bœufs de France.

(*Lois et réglements des États de Jersey, qui ont reçu la sanction royale depuis* 1771. — *Jersey, imprimé pour les Etats, par R. Gosset, n°.* 20, *Queen street*, 1855.)

Caen, typ. de A. Hardel.

EN VENTE :

Chez A. HARDEL, imprimeur-libraire, rue Froide, 2,

A CAEN.

Résumé des conférences agricoles sur les Fumiers ; par MM. Girardin et Morière. 3e. édition. — Prix : 30 cent.

Résumé des conférences agricoles sur le Drainage ; par M. Morière. 3e. édition. — Prix : 35 c.

Résumé des conférences agricoles sur la préparation et la conservation des Cidres ; par le Même. 5e. édition. — Prix : 75 c.

Des Tombes ou Composts du Bessin ; par le Même. — Prix : 20 c.

Considérations sur la maladie du Pommier et sur sa plantation dans les terrains humides ; par le Même. — Prix : 20 c.

De l'abus des cultures épuisantes ; origine et progrès de la culture du Colza dans la plaine de Caen ; par le Même. — Prix : 50 c.

Quelques réflexions a propos de la plantation du Blé en lignes ; par le Même. — Prix : 25 c.

De la verse des Blés ; moyens d'y remédier ; par le Même. — Prix : 25 c.

Utilité de la race ovine ; améliorations dont elle est susceptible dans le Calvados ; par le Même. — Prix : 20 c.

Excursion agricole a Jersey ; par MM, Girardin et Morière. In-8°. avec planches. — Prix : 3 fr.

Courte instruction sur l'emploi du sel en agriculture ; par M. Girardin. — Prix : 20 c.

Cours élémentaire d'agriculture ; par MM. Girardin et Dubreuil, 2 vol. grand in-18 avec vignettes en taille-douce et figures intercalées dans le texte. — Prix : 15 fr.

www.ingramcontent.com/pod-product-compliance
Ingram Content Group UK Ltd.
Pitfield, Milton Keynes, MK11 3LW, UK
UKHW020529180726
13839UKWH00005B/2403